科学在你身边
KEXUEZAINISHENBIAN

能量

北方妇女儿童出版社

U0582112

前　言

　　世界上没有神,但是依然有一种东西在主宰着万物。从宇宙诞生的那一刻开始,它就伴随着宇宙里的每一次变革和每一个生命的兴衰,它就是能量。古人曾经惧怕能量那强大的威力,可怕的洪水和火灾曾经吞噬过无数人的生命。今天,我们学会了利用这些能量,火被用来带给人们光明和温暖,水被用来产生更神奇的能量——电能。当人类科学从宏观的博大发展到微观的精密时,核能也逐渐被发现,这种维系着宇宙最原始也是最强大力量的能量将在未来带给人类更多的动力,推动文明和科技的不断进步。本书利用简单的道理和有趣的事例,为读者讲述这些存在于我们身边的能量,让你了解科学,走近科学。通过阅读本书,你将开始认识到存在于你身边的能量以及人类如何利用这些能量。

目 录
MULU

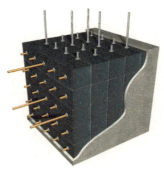

能 量

在我们生活的世界中，能量主宰着一切事物。不论是每天的日升日落，还是你的每一次呼吸，这一切都离不开能量。能量像是一个不死的精灵，它不会凭空产生也不会凭空消失，只能从一种形式转换为另一种形式，或从一个物体转移到另一个物体。

能量是什么

在物理学上，能量就是描写一个系统或者一个过程的量。说简单一些，无论是温暖的阳光、奔腾的流水，还是你提起书包所耗费的力气，这一切事物或者动作中所蕴藏的都是能量。

◄ 跳跃的青蛙从食物中获取能量，才能使自己跳跃起来。青蛙着地后，跳跃的能量便消失。其实这些能量并未消失，而是以热量的形式存在于青蛙体内以及散发到周围的空气和土壤中。

↑ 拳头移动速度的加快可以击破木板。

能量有什么类型

运动的物体具有一种能量，叫做动能。由于各物体间存在相互作用而具有的由各物体间相对位置决定的能，叫做势能。在植物、石油、煤炭和电池等物质的化学成分中存在着化学能。电能是用途最广泛的，它可以转变成光能、热能等其他能。

无处不在的能量

即使是在你做梦的时候，心脏也在不断提供能量给你的大脑，帮助你完成梦境。你拿起一本书依靠的是你肌肉中的能量，你将手松开，书会因为具有势能而落下，所以生活中能量无处不在。

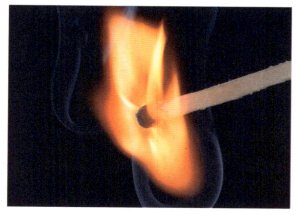

🔼 燃烧可以释放化学能。

驯服能量

闪电、暴风和洪水这些含有巨大能量的物质都曾经是可怕的杀手，但是如果你认识到其中的能量，你就可以驯服这些杀手，让它成为人类的帮手。

🔼 1753 年的一个风雨交加的夜晚，富兰克林用风筝捕捉天空中的闪电。

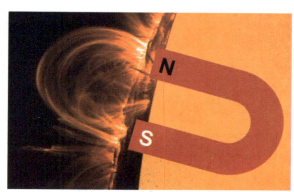

🔼 磁铁具有磁势能。

如果将家里的温度计拿到烈日下，或者靠近火炉，你会发现它们的温度显示会有变化，这是由于阳光和火焰的能量辐射造成的。

能量转换

能量是神奇的魔术师，它们总是不断地从一种形式转变为另一种形式。在你以为自己已经了解它的时候，它突然又转移或转换了。这种现象在你的生活中随时随地的发生着，甚至在你不经意的时候，一种能量已经转换为多种其他形式的能量了。

能量去哪里了

一种能量转换为另外一种能量的时候，它并没有消失，只是换了个身份去了别的地方。

从一个物体到另一个物体

能量可以从一个物体转移到另外一个物体。比如说打台球，当你用一颗球从正面撞击另外一颗球的时候，它将动能转移给了被撞击的球，被撞击的球具有动能后开始运动，而第一颗球则会减速或停止。

⬆ 水车就是把流水的动能转移给了水车，然后水车再把动能转移给了磨面机。

⬆ 灯泡将电能转换成为光能。

从一种形式到另一种形式

像台球那样动能转换为动能，只是能量转换中的一种。更多的能量转换会改变原有能量的形式，比如电炉丝在通电以后发热发光，这时，能量由电能被电炉丝转换成为光能和热能。

⬆ 打篮球时，能量从人体（手）转移到球，球的动能又转化成弹性势能，弹性势能又转化成动能和重力势能，只有靠这些能量的转移、转化，才能够完成拍球这一过程。

⬆ 当弓被拉紧的时候，就像拉伸的弹簧具有了弹性势能；当松开弓弦的时候，弓弦的势能就转化成了动能。箭中靶的时候，箭的动能又会转化成少许的热能和声能，所以我们会听到箭中靶的声音。

⬇ 萤火虫体内有一种磷化物——发光质，经发光酵素作用，会引起一连串化学反应，它发出的能量只有约一成多转为热能，其余多变为光能，其光称为冷光。

能量的转换效率

电灯和萤火虫都可以发光，但是能量转换效率却不一样。电灯中只有5%的能量转换成了光能，更多的能量转换成了没用的热能。而萤火虫却可以将95%以上的能量转换为光能。就效率来说，萤火虫的能量转换效率远远高于电灯。

9

 # 能量的大小

能量作为一个物理量也有着大小之分，而且同样的物体在不同的运动速度下具有的能量大小也会不同。在车辆行驶中质量越大，速度越快，动能也就越大。两辆车从坡道下滑，往往是较重较快的那辆车所具有的能量比另一辆较轻较慢的车大。

速度和能量

同样质量的物体，速度越快，所具有的能量也就越大。在龙卷风的加速下，一根木棍甚至可以穿透1厘米厚的钢板，木棍的质量没变，但是速度的增加赐予了它极大的能量。

➡ 将这两枚鸡蛋举高1米，大约需要耗费1焦耳的能量。

➤ 1840年，焦耳发现导体传电时发热的规律，为后来电力大规模应用提供了理论基础。

➤ 上图是子弹穿过火柴时的瞬间，在穿过的同时，瞬间的摩擦力点燃了火柴。

能量单位

能量不仅有大小，它还有衡量自己的单位。在物理学研究的范围内，能量通常表示为E，国际单位称为焦耳，用符号"J"表示。如果是在表示电能的时候，还会用千瓦时来表示。

能量的大小

声能作为一种能量来说，它的大小很容易感觉到。如果一个物体发出的声能大，它的声音就大；声能小，声音也小。热能也是一样，一个火把燃烧的热量总是要大于一根火柴燃烧产生的热量。

慢跑6分钟

骑10分钟自行车

睡1.5小时

使汽车以80千米/小时的速度行驶7秒钟

使1个60瓦的灯泡亮1.5小时

轻快地走15分钟

一片黄油吐司面包有315千焦的能量。

速度是什么

一个物体在一定的时间内运动的距离就是速度。比如说成年人的步行速度是每小时5千米，火车可以达到每小时120～140千米，而飞机的速度可以达到每小时900千米。

1590年，伽利略在比萨斜塔上做了"两个铁球同时落地"的著名实验，推翻了亚里士多德"物体下落速度和重量成比例"的学说，纠正了这个持续了1900年之久的错误结论。

###

将一块面团从不同高度落下，你会发现它被摔扁了，高度越高，摔得越扁。这是因为面团距地面高度越高，势能越大，因此撞击时产生的能量越大，所以变形得越严重。

什么是质量

物体含有物质的多少叫质量。质量不随物体形状、状态、空间位置的改变而改变。这就好比一瓶饮料，无论你横着放还是倒着放，甚至挤压变形，只要里面的饮料不流出，它的质量就不会变。

能量的传播

能量有时候像一个不安分的孩子，不断地从一个物体跳到另外一个物体上，它通过不同的媒介将自己传播给旁边的物质。寒冷的冬天，我们的体温会通过空气传播出去，因此感觉冷。而靠近燃烧的火焰，火焰的热能又通过空气传播给你，让你感到温暖。

能量旅行

能量是个活跃的旅行家，电能可以通过电线移动到各家各户的电器上；烧水的时候，热能通过火焰传播到金属壶上，金属壶又将热能传递给水。能量总是不知疲倦地在不同物体间旅行。

➡ 把锅放在炉子上加热，锅里的食物很快就因有了热能而变熟。

加温

加温就是一个典型的热传递过程，我们可以继续刚才的烧水过程。水壶中一开始只是凉水，我们不断地给水增加热能，当热能不断增加，温度就会升高。温度达到一定程度的时候，水就会沸腾，这就是一个加温过程。

➡ 当物质被加热后，它吸收的热量使分子运动得更快、范围更大，因而占据更多的空间。温度变化到足够大时，物质会从一种状态转变为另一种状态。比如固体加热后会融化为液体，液体加热后会变成气体。

热辐射

一切物体都在进行辐射，也叫红外线辐射。物体越热，辐射越强。人类的肉眼看不见红外线，但是，装有特殊胶卷的照相机能拍摄红外线照片。一些士兵为了适应夜间作战也装配了红外线望远镜。

➡ 用红外照相机拍到的热辐射图像，亮色部分为散热比较高的区域。

能量的消耗

弓箭射出以后会受到空气阻力和地球引力作用而逐渐消耗动能，如果没有阻挡，它会在动能耗尽后落在地面。如果在宇宙中，没有空气阻力和地球引力的作用，动能很难减弱，箭会在宇宙中持续飞行。

⬆ "牛顿炮"的设想：把炮架在高山上，水平打出的炮弹随着速度的不断增加，落地点越来越远，当速度足够大的时候，炮弹就不会落到地上。

小 实 验

拿一个小碗，放入半碗清水，用筷子搅动，然后逐渐加入面粉。你会发现面粉越多，你的搅动越费力。这是因为液体密度越大，阻力越大，你运动所消耗的能量也就越大。

⬆ 同样，搅拌车需要非常大的机械力才能搅拌车内的混凝土，使混凝土不至于在车体内凝固。

13

能量守恒

　　英国的一个啤酒商人的儿子焦耳，经过长期实验证明了我们今天熟知的能量守恒定律：能量既不会消灭，也不会创生，它只会从一种形式转化为其他形式，或者从一个物体转移到另一个物体，而在转化和转移的过程中，能量的总量保持不变。

能量会增加吗

　　能量不会减少，也不会凭空产生。如果要在一个恒定的能量上增加能量，必须额外给它一个新的能量，这也是遵循能量守恒定律的要求。

焦耳的发现

　　英国物理学家焦耳把环形线圈放入装水的试管内，测量不同电流强度和电阻时的水温，证实了导体在一定时间内放出的热量与导体的电阻及电流强度的平方之积成正比。后来他又经过几十年的研究，用电量热法和机械量热法做了大量实验，证明了能量守恒和转换定律。

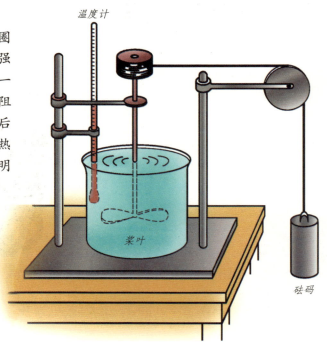

温度计

桨叶

砝码

　➡　根据右图所示，当砝码落下的时候会带动桨叶旋转。烧杯中的水会转动起来，形成水的动能，动能转化为一部分热能传递给温度计，使温度计内的水银柱上升。

从血液谈起

一次例行的医疗护理,让一个德国医生迈耶看到了能量守恒。他发现海员的静脉血液在热带地方要比在欧洲的时候红很多,也就是含氧量大。他认为机体需热量小,食物氧化过程减弱,静脉血中就会留下较多的氧。因此,氧气没有无故产生,只是转化的剩余多了,由此他提出了能量守恒定律。

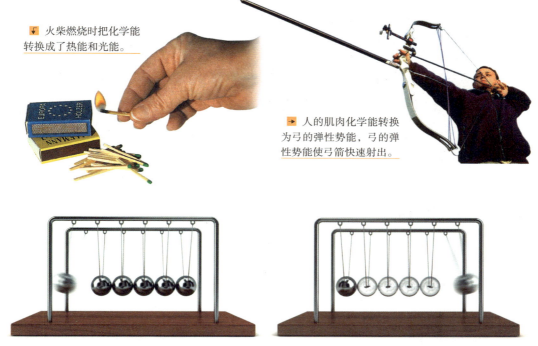

↓ 火柴燃烧时把化学能转换成了热能和光能。

→ 人的肌肉化学能转换为弓的弹性势能,弓的弹性势能使弓箭快速射出。

↑ 当左边的球撞击左边第二个球时,最右边的球会摆动起来,中间四个球仅起了能量传递作用。

能量守恒的发现

能量守恒定律是在五个国家、由各种不同职业的十余位科学家从不同侧面各自独立发现的。其中迈耶、焦耳、亥姆霍兹是主要贡献者。

→ 德国科学家亥姆霍兹(1821～1894),于1847年成为首位清楚解释能量守恒的人,他认为所有的自然力不是"活力"(动能)就是"张力"(势能),并且可以相互转换。直到19世纪中叶,科学家才将能量一词赋予近代科学界认可的意义。

永动机不永动

人们总是梦想有一种没有外界能源供给，在不消耗任何燃料和动力的情况下，源源不断地转动的机器。如果装上这样的发动机，汽车将不需要加任何燃料就可以开动。但是，无数次的实验得出的是无数次的失败，没有一台永动机被真的制造成功，因为违反科学和自然规律的设想是无法成功的。

能量能"产生"吗

能量守恒定律规定了能量是不能凭空产生的，但是印度人设想了一个可以无限转动的神奇轮子。这个设想传到了 13 世纪的欧洲，于是在欧洲展开了研究，力图制造出可以凭空产生能量的装置——永动机。

← 第一台永动机

"奇妙"的永动机

最早的永动机设计方案是轮子中央有一个转动轴，轮子边缘安装着 12 个可活动的短杆，每个短杆的一端装有一个铁球。人们认为右面的球离轴心远，因此它总会下落，带动轮子转动，然后上面的铁球再下落，带动轮子，永不停息。

↑ 这是一台永动机设计图稿，设计者认为它可以永远不停地转下去。

无一例外的失败

奇妙的永动机吸引了无数优秀的科学家,达·芬奇也不例外地加入了永动机的研究行列。但是在失败以后,他果断地认识到这是不可能实现的。此后,又出现了各种形式的永动机,但是没有一个成功的。

↑ 达·芬奇自画像

⬇ 达·芬奇制造永动机失败后,认识到永动机的尝试是永远不可能成功的。

失败的原因

永动机忽视了摩擦力、地球引力等的损耗,无视能量守恒定律,违反了科学和自然规律。任何机器对外界做功,都要消耗能量,不消耗能量,机器是无法做功的。人类利用自然,必须遵守自然规律,而不是去研制永远不能实现的永动机。

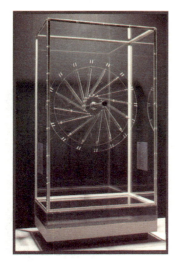

↑ 陈列在科学博物馆中的永动机模型。

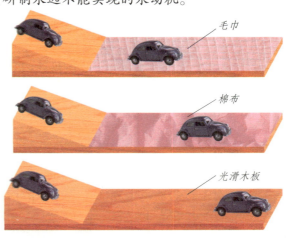

毛巾

棉布

光滑木板

↑ 小车下滑的距离受到与它接触的物体表面摩擦力的影响。不同的物体对小车的摩擦力不同,毛巾的摩擦力大于棉布,棉布的摩擦力又大于光滑的木板。因此,小车在毛巾上的滑行距离最短,在光滑的木板上滑行距离最长。在地球上能量总会在运动中不断消耗。

热 能

夏季里,天气很热,我们需要用风扇和空调降温。冬天,我们又会因为寒冷而需要保持热量。热能就是这样有时候让人感觉多余,有时候又不可缺少。但是,我们的生活甚至生命都离不开热能。

热能是哪里来的

热能来源很多,阳光可以带给我们热能,火焰也可以带来热能,物体的摩擦也会带来热能。我们的身体每天都通过复杂的化学反应,将食物转化为我们需要的热能,因此我们才有了体温。

生活中的热能

热能可以帮助我们吃到熟的食物,热能可以让水沸腾,热能还可以让人们抵御严寒。我们穿着衣服不仅是因为它好看,还因为它也有保存身体热能的作用。

燃烧的火柴

用火柴棒的头摩擦一下火柴盒的侧面,盒子上的红磷会有少量脱落并粘在火柴头上。当这种红磷因摩擦产生的热量而燃烧时,火柴头上的硫磺就会被点燃。

神奇的石灰

氧化钙也就是生石灰，它是一种神奇的物质，一遇到水就会激动万分，产生剧烈的放热反应。我们吃的变蛋外壳上就包着生石灰，将变蛋"烧熟"的正是这层石灰外衣。

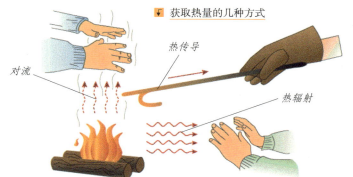

获取热量的几种方式

对流

热传导

热辐射

当生石灰放入水中时，会发生剧烈的反应，释放的热量足以使部分水沸腾。

火箭的外衣

感到寒冷的时候，你会摩擦双手取暖，这就是摩擦生热的原理，摩擦速度越快热量越高。当火箭飞出大气层的时候，火箭外壳与大气摩擦将会产生上千度的高温，如果在这里烤肉，你只会看见一瞬间化作灰的肉粉。

钻木取火利用的就是摩擦力。

重要的能量

自从宇宙大爆发的那一刻开始，物质和能量就开始充满整个宇宙。能量不仅保证了宇宙天体的运行，还维系着地球上万物的生存和繁衍，无论是动物还是植物，都离不开能量。生活中有很多能量是我们每天都要用到的，不知不觉中，这些能量已经在你的身边不断转化着了。

生活中的能量

无论是人们烧柴做饭，还是点蜡烛照明，这一切都来自于不同的能量，这些能量伴随人类生活了数千年，直到有一天，人类生活中原有的能量伴侣逐渐被电所取代。因为电不仅能提供光和热，还能带动电视、电风扇等家电用品。

◀ 食品中含有一定量的水分，而水是由极性分子组成的，当微波辐射到食品上时，这种极性分子的取向将随微波场而变动。水分子的运动，带动其他分子运动，这些运动产生的摩擦力生成了热量，热量迅速升高就达到了加热食品的目的。

辐射能量

微波炉利用电磁力辐射聚焦在食物上，微波辐射的频率正好可以使水的氢原子产生振动，使食物所含的水分温度上升，将食物煮熟。

食物

食物也是生活中的重要能量,对于人体来说,食物中含有以化学能形式存在的大量能量,一根香肠中的能量可能要比一管炸药的能量还多。

➡ 人体的热能来源于每天所吃的食物,但食物中不是所有营养素都能产生热能,只有碳水化合物、脂肪、蛋白质这三大营养素会产生热能。

热能

热能不仅是一种工业上常用的能量,也是人和其他生物所必需的能量。在工业上,热能可以发电,在生活中,热能可以用来烹饪食物。而对于生物本身来说,热能维持着我们的生存和运动。

电力

电能是我们生活中最常见的能量,试想一下,没有电的生活是什么样的?晚上没有电灯照明;无法观看电视节目或使用电脑;水泵停止,没有自来水……这样的生活,可能是用惯了电的人无法承受的,因此电是最重要的能源之一。

⬆ 电力的发明和应用掀起了第二次工业化高潮。成为18世纪以来人类历史上发生的三次科技革命之一,从此科技改变了人们的生活。

⬆ 火力发电站

我们身体里的能量

　　我们的身体里存在着多种能量，它们不断转化并维持着每天的生命运动。人体就好像一个大机器，不断地吃东西是为了增加能量。这些食物中的化学能转换为我们身体里的生物能或者肌肉能量，这样我们就可以走路、跑步或者工作学习了。我们常说不好好吃饭就没力气，实际上这里的力气指的就是身体里的能量。

提起一桶水

　　当你要提起一桶水的时候，你的肌肉开始紧绷，将储藏的能量释放出来，直到你能够提起那个水桶为止。如果提得太重或者太久，会耗费大量能量，在新的能量补充到肌肉里之前，你就会感觉没有力气。

食物转化的能量

　　当人们吃东西的时候，食物会在身体内燃烧或者氧化。当然这些燃烧不会放出光和热，所以你不会被烧痛，它只放出你身体所需的化学能量。

　　← 播种是为了收获食物，补充身体消耗的能量。但是，早期耕种完全由人力完成，消耗的能量多，取得的食物却很少。直到开始使用动物来帮忙才提高了工作效率，增加了粮食产量。

能量储存

不仅电池可以储存能量,人体也有储存能量的能力。如果一天的运动无法完全消耗当天所吃入的食物能量,过剩的能量就会形成让人肥胖的脂肪。

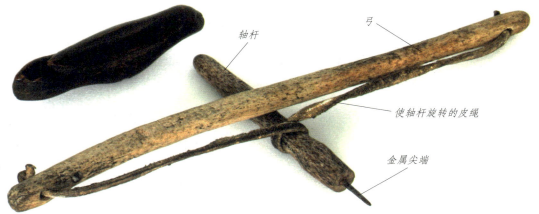

轴杆

弓

使轴杆旋转的皮绳

金属尖端

⬆ 印纽特弓形钻是人类最早发明的工具之一,由一根轴杆和弓组成。钻洞前,先将轴杆固定在钻洞的位置,然后用弓快速旋转轴杆,通过这个旋转的动作,可将肌肉能传到轴杆的尖端。

来自肌肉的能量

用斧头劈开木头时,人们用来自肌肉的能量举起斧头挥动,将能量转到了斧头上,斧头砍在木头上的时候,又将能量转给了木头,这样木头就被劈开了。

⬅ 划艇比赛,是一项考验耐力与持久力的比赛,终点冲刺的速度通常都超过每秒 10 米。在赛程中段的 1 万米,队员们每分钟要划桨 40 下,而在前段和后段的两个 500 米中,划桨的频率要加快到每分钟 47 下。

消耗能量

如果人体是一个需要燃料的机器,那么食物就是燃料。例如,一个苹果中含有的热量足够我们走 5 分钟的路或者睡 30 分钟的觉。如果要做大量运动,你就会需要更多的食物来补充能量。

能量在生物界的流动

能量是一个游走于世界的旅行者，它不断变换自己的样貌和形式，在不同的媒介之间转换。从一个物体到另一个物体，从植物传递到动物，又从动物传递到植物，无限地循环在整个生物界。有时候，能量又好像一个治安官，它的出现维护着整个生物界的平衡和秩序。

吸收光能的植物

植物没有嘴，它们不能吃各种食物来补充能量。但是漫长的进化让它们学会了从土壤中吸收养分。然后通过太阳光将这些养分转换为生长所需的能量。这就是植物所特有的光合作用能力。

🔺 植物具有光合作用的能力，就是说它可以借助光能及动物体内所不具备的叶绿素，利用水、矿物质和二氧化碳生产食物。释放氧气后，剩下葡萄糖——含有丰富能量的物质作为植物细胞的组成部分。

食肉动物

食肉动物不喜欢通过吃大量的植物来获得能量，因为它们知道通常情况下肉中含有的能量要比植物中多。因此，它们选择以猎捕其他动物，并通过那些动物的肉来补充自己所需的能量。

能量的流动方向

能量有时候像一条河,按照规定的方向流动。但在生物界,能量是一条奇怪的河流,除了部分中途散失的能量以外,其余能量最后都会流动到那个起点的位置上,组成一个能量的流动环。

➡ 当太阳的能量使海洋和河川的温度升高时,一部分的水会蒸发到大气中,凝结成云,当云层中的水滴聚集够多时,就会变成雨滴,又会汇集于湍急的河流中,因此,流水的能量其实源自太阳能。

食草动物

植物通过光合作用以化学能的形式将能量贮存起来。而动物不会光合作用,它们则选择吃那些植物,吸取植物中贮存的化学能来补充自身所需的能量。

食物链

食物链就是生物界中能量所经过的那个环,植物从太阳和土壤、空气中获得能量,又被素食动物吃掉,然后素食动物又提供给肉食动物养分,所有动植物死亡以后被微生物分解形成的能量带入土壤和空气,再被植物吸收,这就是食物链。

能　源

能源不是一个陌生的朋友,从你出生的那一刻起,它就伴随在你的身旁。无论是白天温暖的阳光,还是吹落树叶的风,这一切都是能源。随着科技的发展以及人类对能源的认识,能量的取得变得越来越方便。

什么是能源

能源是可以直接或经转换提供给人类所需的光、热、动力等任何形式能量的资源载体,包括煤炭、原油、天然气、煤层气、水能、核能、风能、太阳能、地热能、生物质能等一次能源和电力、热力、成品油等二次能源,还有其他新能源和可再生能源。

⬆ 上图是冰岛的地热能发电厂。地热能制造的蒸汽可驱动涡轮产生电能,热水则经由输送管道送往每户人家。地热能是来自地表下的热能,大部分由地底熔岩产生。

重要的能源

近100多年来,人类对能源的需求不断增加,甚至出现了石油危机等能源危机。一些国家甚至不惜为争夺能源而发动战争,可见能源通常也会成为战争的导火线。

不均衡的能源

如果将地球想象为一个容器,那么每天都有太阳提供的能源不断流入,又有人类消耗的能量不断流出,这些消耗的能量生成无用的热能,不能再使用。因此,一旦太阳的能量不能填补人类的消耗,能源就不再均衡。

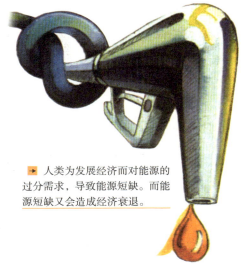

➡ 人类为发展经济而对能源的过分需求,导致能源短缺。而能源短缺又会造成经济衰退。

能源需求

发达国家的能源需求量往往高于发展中国家。发达国家的人使用更多的电器和汽车产品,它们依靠化石燃料来获取能量,发展中国家更多的是依靠肌肉能量。占世界人口 1/10 的美国每年却使用世界总能量的 1/3。

⬅ 刚开采出来的石油称为原油,不能像煤炭那样直接使用,必须经过精炼转化为其他石油产品。在炼油厂通过加热原油被分离为汽油、柴油、煤油、航空油、轮船用油以及电厂用于发电的燃料油等。

能源转化

一些能源开采出来以后还必须经过转化,例如汽油和柴油都是从石油中提炼出来的。我们常说的煤油并不是从煤炭里提炼出来的油,它也是石油的提炼物之一,而苯这样的物质却是从煤炭中提炼的。

燃 料

很久很久以前，一道闪电将树木烧焦，由此人类发现了第一种燃料——木材。早在石器时代，人类就会不断往火堆上添加燃料来维持火焰常年不灭，并以此来保持自己居住洞穴的温暖。对燃料的认识，帮助人类结束了对黑暗和寒冷的恐惧。

不同的燃料

燃料根据形态可以分成固体燃料（如煤、炭、木材），液体燃料（如汽油、煤油、石油），气体燃料（如天然气、煤气、沼气）；按类型可以分成化石燃料（如石油、煤等），生物燃料（如酒精），核燃料。

➡ 酒精是一种有机物，酒精具有强烈的挥发性，所以我们能闻到它的气味。酒精没有颜色，是透明的液体，在空气中很容易燃烧。

⬆ 覆盖在大地上的郁郁葱葱的森林，是自然界拥有的一笔巨大而又最可贵的"绿色财富"。目前，世界森林面积约有 3860 万平方千米，其中针叶林占总面积的 1/3，阔叶林占总面积的 2/3。现在世界森林面积随着人口增加正日益减少，每年约减少 11.3 万平方千米。

可再生燃料

一些燃料如果合理利用是取之不尽的，例如木材、水和风能这些都是可再生燃料。它们在人类有生之年不会被使用殆尽，一旦不可再生燃料出现枯竭，这些可再生燃料就成为了人类生存发展的支柱。

不可再生燃料

石油、煤炭这些燃料的储备是有限的，它们经过漫长的地质演变而形成，没有再次生成的可能。这些燃料燃烧之后无法再利用，而且现有的不可再生燃料也在不断开采中减少。

➡ 化石燃料，是一种碳氢化合物或其衍生物。化石燃料所包含的天然资源有煤炭、石油和天然气。

化石燃料

数百万年前的一些微小生物死亡以后，经过细菌和地壳压力的长期作用形成化石燃料。化石燃料一旦燃烧之后，就不能再重复利用，而且还会产生一些污染地球环境的气体。当今的能源课题之一就是如何有效利用有限的化石燃料。

 煤的直接液化法示意图

煤的液化多采用直接液化法，即通过向煤中加入氢，并加热、加压使煤熔化裂解而直接得到液化石油。煤经过液化后，能将其中对人体有害的硫除去，减少对环境的污染，而且它比固体的煤便于运输和使用。所以，世界上许多国家都在积极研究煤的新液化方法，以便充分利用宝贵的煤炭资源。

人工合成燃料

合成燃料也是化学能的一种，它是人类智慧的体现。最早制作人工合成燃料的是德国人，他们在第二次世界大战时期利用从煤里提炼出来的有机物，用人工方式合成出了更好的燃料。

可再生燃料

最早被人类所认识的就是可再生燃料，它们曾经伴随人类走过了数千年的文明史。从蛮荒到现代，可再生燃料仍然占据着人类生活的重要部分。如果有一天，不可再生燃料出现枯竭，那么可再生燃料将扮演新的救世主角色，维持人类对能量的庞大需求。

木材

我们不知道是谁第一个发现火的，但是我们可以肯定，第一个被用来引火的燃料就是木材。木材的植物组织中存在大量来自太阳的能量，如果温度合适，它们就会迅速燃烧。

植物枝叶

植物枝叶不仅是燃烧的好材料，同时也是生成其他燃料的原料。古人常用这些枝叶作为烧火做饭的燃料，而树叶等发酵的时候产生的甲烷又成为今天人们做饭的燃料。

沼气

沼气是微生物厌氧消化而产生的气体，由于最早在沼泽中发现，因此被称作沼气。它是多种气体的混合物，一般含甲烷50%～70%，其余为二氧化碳和少量的氮、氢和硫化氢等。它是一种较为环保的燃料。

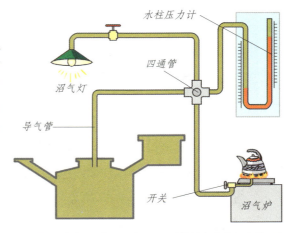

水柱压力计

四通管

沼气灯

导气管

开关

沼气炉

↥ 酒精燃烧时火焰为蓝色。

↥ 据估计，在英国，利用人和动物的各种有机废物，通过微生物厌氧消化所产生的甲烷，可以替代整个英国25%的煤气消耗量。苏格兰已设计出一种小型甲烷发动机，可供村庄、农场或家庭使用。

酒中的精华

在酿酒的过程中，人们发现烈酒可以被火点燃。于是经过研究发现了这种奇特的燃料——乙醇，由于早期的乙醇是从酒里提炼出来的，因此人们也将它称为酒精。

玉米和乙醇的故事

科学家可以从农作物中提炼出乙醇来，美国在玉米过剩的时候就曾经将大量玉米提炼成可以作为燃料的乙醇。但是这个成本过高的做法不适于广泛推广。

➡ 在中国，玉米、大麦、小麦、大米等酿造的乙醇不是用作燃料，而主要用于酿造宴请宾客的白酒。

煤 炭

300 多年前，人类认识了一个黑色的朋友，它可以代替木材带给人们光和热，这就是被称为黑色金子或者工业粮食的煤炭。很多工业和制造业都无法离开这些数千万年前埋藏在地下的植物化石。而最古老的煤炭形成甚至可以追溯到 3 亿年前的石炭纪时期。

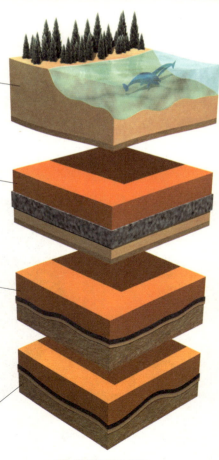

由于气候湿润，形成长势良好的茂密森林植被。

一些植被死亡后，上面覆盖着沼泽物质，由于地壳运动，最后被一起压缩成层。

埋在地下的植物质，长期受着压力、地下热能和厌氧细菌的作用，其中所含的氧、氮及其他易挥发性物质逐渐逸出，余留物中碳的含量越来越高，这样就形成了泥炭。

随着地壳的不断变迁，泥炭被埋得越来越深，在高温、高压的作用下，泥炭中的碳的含量继续增大，逐渐变成了褐煤。

↑ 煤的演变示意图

什么是煤炭

简单来说，煤炭就是数千万年前埋在地底经过压缩的植物，是一种化石燃料。煤炭可以在燃烧中释放出大量的能量，远远高于木头提供的能量。但是煤炭属于不可再生燃料，无法像木材那样再生。

煤炭的形成

一定地质年代生长的繁茂植物，在适宜的地质环境中，逐渐堆积成厚层，并埋没在水底或泥沙中，经过漫长地质年代的天然煤化作用最终形成煤。

煤炭的用途

煤作为一种燃料，早在800年前就已经开始。煤炭的用途，最直接的就是提供热能。在工业兴起之后，煤成为轻工业和重工业的重要消耗品，因此煤炭被称作"工业的粮食"。

黑色钻石

煤炭是一种由碳、氢、氧、氮等元素组成的黑色固体矿物，它的主要成分和钻石一样都是碳。但是煤炭中碳的排列方式与钻石不一样。

◀ 蒸汽机的发明也快速地使煤炭进入到了工业生产中来。

从煤里提炼的宝贝

从20世纪80年代起，人们就开始从煤炭中提炼氨、苯、人造燃料等化学产品。将煤炭低温干馏之后提炼出的煤焦油是分馏芳香烃和烷烃的主要原料之一，被称为人造石油。

▶ 煤在隔绝空气的条件下，加热到950℃～1050℃，经过干燥、热解、熔融、粘结、固化、收缩等阶段最终制成焦炭，由高温炼焦得到的焦炭可用于高炉冶炼、铸造和气化。

焦炭

煤

熔融状的煤

1000℃

煤气和煤焦油

▲ 用炼焦炉炼焦

33

石 油

　　石油就是流动的黑色金子,在中国,石油这个词最早来自于北宋年代的地理书籍《梦溪笔谈》。这种在书中被描述成从石头中生出的油被人们起名叫做石油。它已经成为21世纪最重要也是最缺乏的能源。

什么是石油

　　石油是一种黑色的浓稠液体,它是由多种油混合而成的。我们将刚开采出来的石油称为原油,它们颜色越深,纯度越低。在未经过处理之前,多数石油都不适合直接做燃料。

石油形成

　　远古时期,一批批海底生物不断地生老病死,在海底积存了大量小生物残骸。随后它们被泥沙掩埋,经过地质挤压,这些腐烂的残骸就变成了黑色的石油。

组成石油的元素

　　石油是一种以碳氢化合物为主的液体,组成原油的主要元素是碳、氢、硫、氮、氧。它们都是较易燃烧的元素,因此石油中蕴含着极高的能量,经过提炼后可以作为多种运输工具的主要燃料。

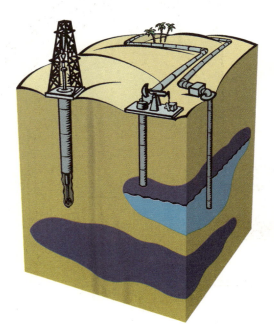

↑ 石油开采示意图

石油的提炼

在炼油厂里有一个叫做裂化器的大锅。原油在裂化器里加热，油气会蒸发，然后油层会逐渐分离，就好像鸡尾酒一样。最上面是汽车的燃料汽油，接下来是柴油，最后就是重油，还有一些沉淀物会被提炼出用来铺路的沥青。

分馏塔

▶ 用蒸馏法提炼石油

提炼石油时，先将石油从管子里输入加热炉内。然后，将从加热炉出来的石油蒸气不断地送入蒸馏塔的底部。这种蒸馏塔有几十米高，里面有一层一层的塔盘，塔底温度高，塔顶温底低。石油蒸汽经过一层层塔盘时，各个成员就按沸点的高低，分别在不同的塔盘里凝结成液体。这样，石油中的各个成员便被分开了。

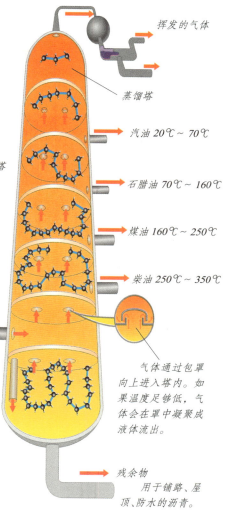

挥发的气体

蒸馏塔

汽油 20℃ ~ 70℃

石腊油 70℃ ~ 160℃

煤油 160℃ ~ 250℃

柴油 250℃ ~ 350℃

气体通过包罩向上进入塔内。如果温度足够低，气体会在罩中凝聚成液体流出。

加热的原油

重油 400℃以上

残余物
用于铺路、屋顶、防水的沥青。

↑ 钢罐装的液化石油气既便于贮存运输，使用起来又安全方便，加之它是石油工业的副产品，成本低廉，发热量大，因而是一种可普遍使用的优质气体燃料。

用途广泛的石油

石油化工厂利用石油产品可加工出5000多种重要的有机合成原料，比如汽油、柴油、润滑油、沥青、塑料、纤维等。石油制品是工业和生产生活的主要能源之一，汽车、轮船和飞机能够正常工作都离不开石油制品提供的能量。

天然气

天然气和石油是一对天生的好伙伴，有时候我们在找到了天然气的时候往往也会找到石油。按照蕴藏状态，天然气又分为构造性天然气、水溶性天然气、煤矿天然气三种。伴随石油而生的天然气就属于构造天然气的一种。

什么是天然气

天然气与煤炭、石油并称为目前世界一次能源的三大支柱。它是一种极易燃烧的碳氢化合物气体，若天然气在空气中的浓度在5%～15%的范围内，那么遇到明火即可发生爆炸，能量巨大。

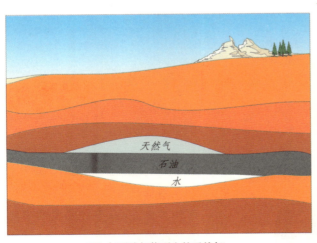

↑ 与石油相伴而生的天然气

天然气是怎么形成的

天然气是古代生物的尸体长期沉积地下，经过转化以及变质裂解而产生的具有可燃性的气态碳氢化合物，一些天然气常伴随石油开采而出现。

天然气的甲烷

天然气的成分主要是甲烷，比空气轻，是无色、无味、无毒的。但是为了安全，天然气公司在供给用户的天然气中添加了臭剂，使用户能依靠气味及时发现气体的泄漏。

"特罗尔号"平台

　　"特罗尔号"平台是欧洲最大的天然气工程项目的组成部分,也是海上最大的人工建筑。它从海底抽取天然气,将为 21 世纪的欧洲提供所需的天然气的 10％。

　　➡ "特罗尔号"平台不仅仅是最高的平台——耸立在海上达 472 米,也是人类曾建造过的最大的人工建筑和最高的混凝土结构之一。

天然气的本领

　　天然气可以用来发电,做化工工业原料,为城市居民提供生活燃料,压缩后的天然气还可为汽车提供燃料等。天然气因为它的价格低、污染小、使用安全而成为新的环保型能源,被社会所广泛利用。

　　⬅ 在我国大部分城市,公交车已转换为天然气汽车。

　　⬇ 天然气储藏罐

飞机的燃料

　　飞机要想飞上蓝天，需要一种来自于石油的饮料，这就是航空汽油和航空煤油。早期的飞机使用航空汽油，现在的飞机大多使用航空煤油。飞机有时在上万米高空飞行，那里气温极低，普通燃料会被冻住，而航空燃料可以适应-60℃的低温，使飞机在高空稳定地飞行。

螺旋桨飞机的燃料

　　螺旋桨飞机采用的是活塞式航空发动机，它们所使用的是经过催化裂化而制成的航空汽油。这种航空汽油可以适应−60℃的低温，而且具有良好的抗爆性，性能稳定。

🔺 螺旋桨飞机发动机

🔺 飞机加油车

航空煤油

　　航空煤油就是从石油中提炼出来的一种煤油，但是它和普通的煤油不同，航空煤油的纯度很高，所含的能量也很高。它所提供的热能转化效率远远高于普通的煤油，为飞机在高空的飞行提供了稳定的动力保障。

为什么必须用航空燃料

对飞机来说汽油不安全，容易挥发且太容易燃烧，但是活塞发动机还在用。柴油黏度太大，不适合涡轮发动机使用，因为这种发动机是要靠很细小的喷嘴把燃料喷成雾状，才能跟高压高温空气充分混合，产生猛烈燃烧。因此，航空汽油和航空煤油成为最佳选择。

↑ 喷气式发动机内部结构图

喷气飞机的燃料

目前使用涡轮发动机的喷气式飞机使用的燃料主要是航空煤油，这种透明液体就是喷气式飞机能够飞上蓝天的动力保障。

↑ 波音767可以在上万米高空飞行，那里的气温达−50℃。

喷气飞机的速度

一般来说，亚音速飞机和超音速飞机都使用航空煤油为燃料。而一些速度更快的高超音速飞机由于冲压发动机中能量的大量需求，换上了能量更高的碳氢燃料或液氢燃料。

火箭的燃料

火箭飞天的动力来自于它尾部的推进器，这里有火箭燃料的储备箱，储备箱里的燃料分为固体燃料和液体燃料两种。火焰的燃烧必须要有足够的氧气，普通燃料在没有氧气的太空中无法燃烧，而火箭的燃料却不怕太空中缺氧的威胁。

火箭为什么能飞上太空

要想飞向太空，必须有足够的能量来摆脱地球引力，而摆脱引力最好的方式就是给地球引力一个相反的力。火箭的尾部推进器垂直于地面喷射出高速炙热气体，利用反作用力将自己推向太空。

 1926年3月16日，在马萨诸塞州的奥本，冰雪覆盖的草原上，戈达德发射了人类历史上第一枚液体火箭。但最初并没有引起美国政府的重视和支持，所以到他逝世时美国的火箭技术还远远落后于德国。

液体燃料

液体火箭燃料主要是液态氧和液态氢。液态氧的沸点是－183℃，可以冻碎金属和橡胶，而液态氢的沸点是－253℃。虽然很难处理，但是它们是目前最理想的火箭燃料。

推动原理

对于固体燃料来说，推进器中的燃料装填决定了火箭的推动能力。如果使燃料燃烧面以不变的速度燃烧（恒速燃烧），推进器将产生平稳推力；如果推进剂装填得使燃烧面不断扩大（加速燃烧），推进器将产生不断增强的推力；当燃烧面减小，那么就会出现减速燃烧。

巨大的推力

液态的氧和氢燃料可以在燃烧的时候产生巨大的能量，当这些能量集中喷发出来以后产生的强大推力可以让火箭的速度达到每秒16.7千米。这使得火箭成为目前人造飞行器里速度最快的一种。

➡ 火箭的推进方式是直线向前的。高温气体向一个方向喷射，火箭向反方向移动，与喷气发动机使用空气中的氧气来燃烧不同，火箭发动机需要自己携带氧气。燃料和氧气装在分隔的舱室内，然后再泵入一个燃烧室混合并燃烧。

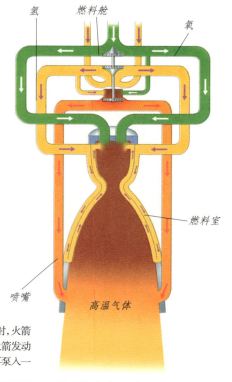

火箭发动机示意图

固体燃料

固体火箭推进器的燃料由包含氧化剂和燃料的小球组成，小球中还包含了防止燃料在推进器内被分解的添加剂。推进剂的装填方式决定了燃料的能量释放方式。

火箭发动机

⬅ 根据能源不同，火箭分为化学火箭、电火箭、核火箭和光子火箭等。目前使用最多的化学火箭，又分为固体推进剂火箭、液体推进剂火箭和固液混合推进剂火箭。

氧化剂

真空中没有氧气，火焰燃烧又离不开氧气，但是火箭燃料依然可以在真空燃烧，这是因为推进器里自带的燃料中含有液氧和液氢，液氧会生成燃烧需要的足够氧气，它们燃烧后只会产生无污染的水蒸气。

水　能

水是人类最亲密的伙伴，人类的文明总是伴着水源而出现，很久以前的古人就学会了利用水能，水车、水磨坊就是人类利用水能的智慧成果。水能作为一种可再生资源，不仅没有污染而且可以源源不断地利用，当今社会很多地区的电能都来自于水电站。

流动的水

受到地球引力和月球引力等影响，地球上的水总是不断地流动着。在我国，水流受西高东低的地势影响自西向东流入大海。海洋受到月球引力，会出现涨潮和退潮这样的运动。

⬇ 有些河流中存在大量的势能，要想利用这种能量，可以将发电厂建在河流落差极大之处或是瀑布的下游，这样便可以利用强劲的水流来发电。

水的能量来源

水总是从地势高的地方向地势低的地方流淌，运动的物体具有动能，流动中的水也不例外。一些江河中的水流速高，水流量大，因此具有很大的动能。而瀑布上的水流由高处下落，具有很大的势能。

← 尼亚加拉瀑布可以产生足够供应300亿个电炉运作的电力。

古老的水力

2 600 多年前，人们就已经利用水车汲水灌溉。后来，人们逐渐学会了按照水流的快慢选择合适的水车类型用于碾磨谷物。此后又诞生了水轮车（水轮机的祖先）这样更先进的动力设备。

← 早在公元前 600 年，人们就已知道利用水车汲水灌溉。至于首次利用水车来碾磨谷物，则是在公元前 100 年左右，当时人们已会按照水流的快慢，选择合适的水车类型。后来人们又陆续研究出许多利用水力的方法，直到今天，水力仍是替代化石燃料的重要能源。

水电站

水电站是一种将水能转换为电能的综合设施。它用巨大的挡水建筑（水坝）将水阻截蓄存在水库中，水库的高水位水经引水系统流入厂房，推动水轮发电机组发出电能，再经升压变压器、开关站和输电线路输入电网。

世界上最大的水电站

建设中的中国三峡水电站，预计蓄水位 178 米、库容 393 亿立方米、26 台机组、年发电量 847 亿千瓦时。三峡水电站完全建成后，将成为世界上最大的水电站。

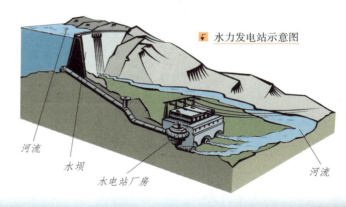

🔎 水力发电站示意图

河流

水坝

水电站厂房

河流

🔎 正在建设中的三峡水电站

风 能

风是自然界中无形的精灵，风能也是最早被人类使用的能源之一。早在公元前3500年，人类就制造出了利用风力推动的布帆船征服了大海。在陆地上，人类学会了使用风车这样的装置来获得动力或者获取电能。

流动的空气

我们知道物体速度越快所具有的能量越大，风能的大小也取决于风的速度。春天的轻风可以托起天上的风筝，而夏季的台风则可以吹倒参天大树。

⬆ 自然界中的风力常会集中成螺旋状，这种情况在热带极为常见，而且这种风会变得十分剧烈，并会转变成热带暴风雨，也就是我们常说的台风。

谁将能量给了风

当太阳照射大地的时候，被照射到的空气温度就会升高。热空气和附近的冷空气形成温差，为了保持温度的相对平衡，冷热空气就会对流而产生空气流动形成动能，这个动能就是风的能量来源。

风力的应用

风能的应用极为广泛,风能通常被用来做动力(例如帆船、风力磨坊)或者发电。在澳大利亚的牧场上,风力还被用来带动水泵抽水灌溉草场。

➡ 荷兰的风车举世闻名,其实这种风车大多只是以风力驱动的泵而已,荷兰人利用风车抽出积在低洼田地的水,同时也将风车产生的动能转化成储存的能量。

风力发电

在无边的草原和遥远的岛屿上,风力发电机将源源不断的风能转化为电能储存起来,为人们提供生活所需的电力。这样的发电方式不仅没有任何污染,而且发电所需的能源是取之不尽的。

风力应用的限制

风力带来的能量是无法保持恒定不变的,因为风不会永远存在于某个地区,风力大小也会不断变换。例如,帆船会因为没有风而缓慢地漂在海上,风力发电机会随着风的有无而断断续续地提供电力。

➡ 风力发电厂的外观并不吸引人,噪音也大,而且它们只能被建在常有强风的地方。

地球引力能

宇宙中那些旋转的天体都有自己的引力范围，就好像一个个磁铁。地球也是一个大磁铁，它将人类以及自然界中的万物都吸引到自己身上，甚至还吸引到了一个围着它不停转动的卫星——月亮。我们跳起以后又会落到地面就是因为地球引力的作用。

地球的引力

地球的引力不是一成不变的，即使是在地球上不同的地方，所受到的地球引力也不一样，往往是越靠近南极和北极，地球引力越大；而越靠近赤道海平面，地球引力越小。因此，火箭发射的最佳地点就在赤道附近。

◄ 跳水运动员是运用地球的引力来做出各种难度的动作的。

▲ 苹果落地使牛顿发现了万有引力。

从高处落下的物体

地球上的物体都会受到地球引力的作用而具有重力势能，重力势能迫使抛向空中的物体落回地面。而在下落过程中，受地球引力的影响，物体下落速度不断加快，势能不断增加，所具有的能量也越来越高。

"反引力"

要想脱离地球，必须先克服地球引力，这就需要有足够的反引力能力。火箭就是利用对地球的反作用力达到反引力的目的，从而飞向太空。

引力能的研究

人类对于引力的应用由来已久，沙漏这样的计时工具就是最早的引力应用，因为沙子会受到引力不断下落。而今天航天事业的发展，又将人类对引力的研究延伸到了太空之中。

◄ 沙漏又称沙钟，是我国古代一种计量时间的仪器。沙漏的制造原理与漏刻大体相同，它是根据流沙从一个容器漏到另一个容器的数量来计量时间。

引力跳板技术

航天事业上的引力应用技术最出名的就是引力跳板技术，例如美国的"旅行者"探测器利用1982年"九星联珠"的机会，先后借助木星、土星、天王星的引力作"跳板"，不断加速，这样不但节省了燃料，还加快了航天器的星际旅行速度。

核 能

核能是世界上最神奇的能量，只需要一些微量的物质就可以转换为令人难以置信的巨大核能。其实早在人类认识核能之前，它就在帮助着地球上的人们。太阳利用自身的核反应产生的能量，几十亿年里源源不断地提供给地球光和热。

什么是核能

核能就是来自于原子核的能量，当一些元素的原子核发生变化的时候，就会释放能量，这就是核能。原子核释放的核能要比我们平时见到的煤炭和天然气释放的能量多得多。

放射性铀矿石

⬆ 铀是一种极为稀有的放射性金属元素，在地壳中的平均含量仅为百万分之二，铀是核裂变的主要物质，是极其重要的战略资源。

⬆ 著名科学家爱因斯坦建立了一个数学公式：$E=mc^2$，在核反应中，光速 c 不变的情况下，极少的质量 m 释放可以转化极大的能量 E。

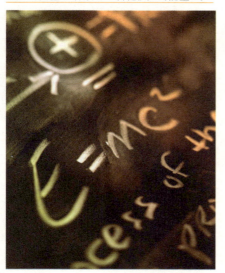

核能的发现

20世纪30年代末，一些科学家发现，用中子轰击铀原子核，原子核会分裂为两个，同时放出两三个中子和巨大的能量，这巨大的能量就是核能。

爱因斯坦的推测

早在100年前，爱因斯坦就预言一些有质量的物质中存在巨大的能量。当第一颗原子弹爆炸成功后，爱因斯坦才意识到它的预言竟然恰好与原子弹的原理一样。但是，他却极力抵制核能用于军事方面。

巨大的核能

核能是自然界中最巨大的能量，1 吨核物质反应生成的能量相当于 200 万吨煤炭所产生的能量。如果用来发电则可以产生巨大的电能，而若用于战争则可以在瞬间摧毁城市。

2.5 吨煤的能量

📍 1 克铀的能量竟和 2.5 吨煤的热能相当

1 克铀的能量

核能的应用

📍 核反应堆炉内部结构图

核能应用广泛，它可以用来替代煤炭等原料发电，也可以用于一些运输工具的动力设备，例如核潜艇，不仅动力强劲，而且可以持续不断地供应能量。此外，核能还是航天器的最佳燃料之一。

核裂变

核裂变就好像一个越滚越大的雪球，能量在裂变中不断增强。1 克铀裂变以后释放出的能量相当于 3 吨煤或者 200 千克汽油燃烧释放出的能量。人们可以利用这个核裂变的能量去发电，也可以利用这个能量去生产令人恐惧的原子弹。

什么是核裂变

不稳定的原子核需要较多的中子来稳定自身，当它受到中子撞击的时候会分裂成两个稳定的原子核，并释放出用于稳定的多余中子和大量的能量。

裂变的原料

并不是任何原子都可以拿来做核裂变的原料，只有一些质量非常大的原子，例如铀、钍等才能发生核裂变。最早的核裂变实验就是用铀原子完成的。

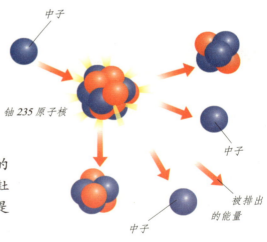

中子

铀 235 原子核

中子

中子

被排出的能量

🔺 一个重原子核被中子轰击，分裂成多个较轻的原子核，同时释放巨大能量。

原子弹

原子弹是利用核裂变制造的杀伤力强大的武器，爆炸时可以瞬间产生巨大的能量，爆炸之后还会产生可怕的放射性物质，继续危害人类的健康。

🔶 原子弹是利用铀 235 或钚 239 等重原子核的裂变链式反应原理制成的裂变武器。

核电站

核电站利用核燃料在核反应堆中核裂变所释放出的热能,将水加热成高温高压蒸汽,再以蒸汽驱动汽轮发电机组发电。这样的发电方式不仅原料消耗小,而且在正常运转时不排放有害气体。

→ 核电站是以核反应堆来代替火电站的锅炉,以核燃料发生特殊形式的"燃烧"产生热量,来加热水使之变成蒸汽。蒸汽通过管路进入汽轮机,推动汽轮发电机发电。

核反应堆

核电站里有一个原子锅炉,它是一个能维持和控制核裂变链式反应,从而实现核能向热能转换的装置,这就是核反应堆。核反应堆是核电厂的心脏。

镉棒

水泥防护层

铀棒

石墨

⬆ 核反应堆原理示意图

放射性标志

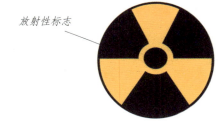

→ 秦山核电站是我国自己设计和建造的第一座核电站,它于1991年12月正式并网发电,年发电量可达30万千瓦。这标志着中国核电时代的开始。

核聚变

茫茫宇宙中有成千上万颗恒星在散发着光和热，就好像我们的太阳一样。它们拥有强大的能量，人类有史以来制造的所有能量加在一起也无法和太阳提供的能量相比。而太阳这样的恒星中心所产生能量的反应就是核聚变，核聚变为太阳提供了长达数十亿年的能量。

什么是核聚变

在非常高的温度下，一些原子中的小核可以凝聚而形成大核。就好像两手都握着苹果的两个人，当他们要握手的时候就会将手中的苹果放掉。核聚变的两个小核合成大核的时候也会放出巨大能量。

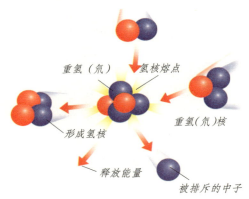

重氢（氘）　氢核熔点
重氢（氘）核
形成氢核
释放能量
被排斥的中子

在聚变反应中，较轻的原子核结合在一起，形成较重的原子核，同时释放巨大的能量。

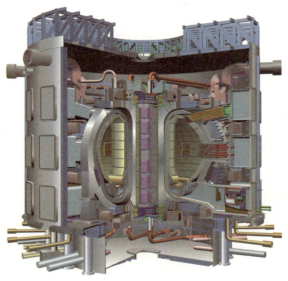

核聚变反应装置

聚变的原料

核聚变的原料是氢原子，氢原子中的氕（piē）、氘（dāo）、氚（chuān）三兄弟是聚变的主要成员，它们都来自于水。1 升海水中提取出的氘进行核聚变放出的能量相当于 100 升汽油燃烧释放的能量。

可怕的氢弹

氢弹是利用核聚变生产的杀伤性武器，威力远远大于原子弹，但是辐射量却比原子弹小。它像原子弹一样，成为国际上禁止使用的武器之一。

巨大的能量

氢弹拥有巨大的能量，它的杀伤力是十分可怕的。如果说原子弹给日本的广岛带来了极大的破坏，那么第一颗氢弹爆炸实验中产生的能量就相当于广岛原子弹威力的 100 多倍。

▲ 氢弹爆炸时的蘑菇云

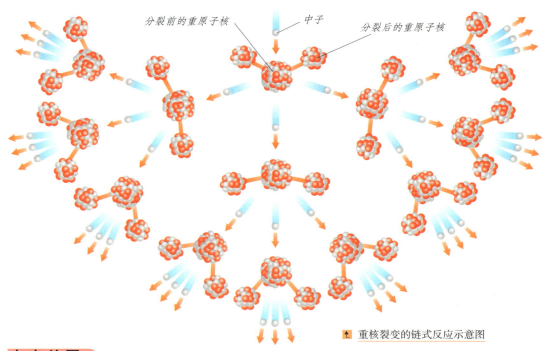

分裂前的重原子核　　中子　　分裂后的重原子核

▲ 重核裂变的链式反应示意图

未来前景

核聚变的原料氢原子不像核裂变的原料那样具有放射性，真正做到了对人类无公害的能源提取。一旦这个技术被广泛应用到发电或者提供动力上，我们将迎来新的能源时代，告别对有限资源的开采和资源匮乏。

太阳能

太阳可以带给植物生机，可以晒干潮湿的衣服，当今的一些人家还安装了太阳能热水器来提供热水。但是对于太阳能量的真正利用，也只是近百年来的成果。认识太阳能最简单的方法是用放大镜聚光，将太阳的光线凝聚在一点的时候，它的温度足以点燃木材。

阳光和能量

阳光中蕴藏着无尽的热能，它将光能和热能辐射到地球上，带给万物无尽的生机。太阳每年送给地球的能量相当于 100 亿亿度电的能量。

无尽的太阳能

天上的太阳已经将近50亿岁了，据科学家估计它还可以继续燃烧50亿年。相对于短暂的人类发展历史来说，这几乎就是一个无穷无尽的能量。

在光球上移动的太阳黑子周期约为 11 年

日珥

光球——可见的太阳表面

释放能量的核心

辐射带

接收太阳中心传来热能的对流带

色球——环绕光球的热气体层

太阳能热水器

将太阳能凝聚到一个点，就可以产生高温，这在早期的太阳能利用中很常见，人们利用这些热能来烧水做饭。现在的太阳能热水器利用太阳能电池板来产生电力，然后利用电能来加热。

太阳能汽车

如果阳光足够充足的话，太阳能电池就会提供足够的电能来带动电动马达，使太阳能汽车运行起来。它不排放任何污染物，也不需要喝油或者气体燃料，是最环保的交通工具。

↑ 太阳能汽车

太阳能飞机

飞机飞行需要的能量很大，因此目前的太阳能飞机还不能依靠太阳能电池提供的动力来载人或进行货物运输，更多的太阳能飞机只能是无人驾驶的飞机。

→ 由美国国家航空航天局（NASA）开发的名为"探路者"的太阳能飞行器可以利用太阳能来提供飞行的动力。只要艳阳高照，它就可以整日飞翔在天空。当然该飞机还配有备用供电系统以备没有阳光或光照不足时使用。

太阳能热电站

小 实 验

想知道太阳能有多神奇吗？你只要拿一张小纸片，在日光强烈的时候，用放大镜将光线聚集到一个点上就可以点燃纸片。不过要带上墨镜，防止眼睛被强光刺伤，并且要注意防火。

其他能源

随着科技的发展，人类对能源的认识与日俱增。我们不仅在逐渐提高对已知能源的开采技术，同时还在不断研究和开拓着各种新的能源。一些过去我们不曾注意的自然力量，在今天的科学家眼里都成为了无尽的能量。

潮汐的能量

在月球引力的作用下，海洋中的潮水会有规律地升降，因此而形成的能量就是潮汐能。涨潮时，水位升高，海水中的动能转化为势能；退潮时，水位降低，势能又转化为动能。我们可以用这些能量来进行发电。

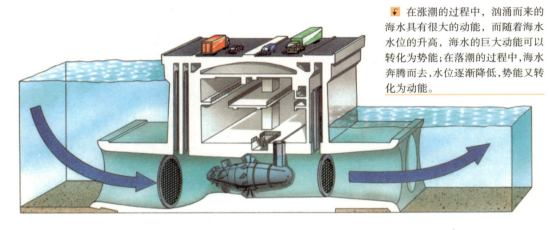

⬇ 在涨潮的过程中，汹涌而来的海水具有很大的动能，而随着海水水位的升高，海水的巨大动能可以转化为势能；在落潮的过程中，海水奔腾而去，水位逐渐降低，势能又转化为动能。

雨滴的能量

空中云层里的小水珠受地球引力而落下，形成雨滴。在落下的过程中，它们不断加速，动能不断增加。科学家正在研究如何收集利用这些雨滴中的动能和势能，为人类提供动力或者电能。

地震的能量

　　地震是一种可怕的自然现象,破坏力极大。地震释放出的能量根据震级的不同而不同,最小的地震释放出的能量仅相当于一个鞭炮爆炸的能量,8.5级以上的地震能量甚至可以达到一个中型水电站一年的发电量。

⬆ 地震造成的路基断裂

雷电的能量

　　一次雷击或者一次闪电所释放出的能量大约在300千瓦以上,如果把这些能量全部利用起来,可供一个普通家庭使用两个月以上。但是,闪电的随机性使得它的利用成为一个难题。

生物能

　　生物能一般指的是生物将太阳能以化学能形式储存而形成的能量。仅地球上的植物,每年产生的能量就相当于目前人类消耗的矿物能量的20倍。

电 能

电作为一种自然现象，在生命出现之前就存在于地球上了。而数千年以来，人类总是看着天空的闪电以为是老天发怒，却没有能力去利用电能。直到200多年前，人类才学会了制造电，此后电将人类带入了一个全新的世界。在今天的世界里，如果没有电能，我们将无法正常工作和学习。

电的力量

电能可以带动电风扇转动，让电灯发光，让电视播放缤纷的节目。同时，电能应用不当也能威胁到人类的生命安全，例如造成火灾、触电等。

储存能量

在野外，我们不能随时随地找到电源，于是人们发明了可以储存电能的电池。电池可以储存一定的电量，但是由于电量较小，通常需要不断充电或更换新电池。手机、手电都是通过电池工作的。

照明

电能最广泛的应用就是照明了,电能照明的出现让我们告别了冒着油烟的蜡烛和油灯。当电能通过灯丝,使灯丝发亮时,电灯就会照亮四周。

⬆ 由于荧光灯所消耗的电能大部分用于产生紫外线,因此,荧光灯的发光效率远比白炽灯和卤钨灯高,是目前最节能的电光源。

电力火车

电力火车里没有电池,它通过架设在铁路上方的高压电线来提供运行所需的电力。电力火车具有功率大、速度快、运行稳定、不污染环境的优点。目前铁路上广泛使用的都是电力火车。

电动车

电动车是依靠蓄电池提供的电力,带动马达的一个动力设备。这个设备可以快速转动提供给车轮转动的能量,这样电动车就可以前进了。我们可以通过控制电量来控制车的速度。

⬇ 电动车所使用的能源有很多,主要有:铅酸电池(含铅酸胶体电池)、镍氢电池、镍镉电池、镍铁电池、锂离子电池(常称之为锂电池)、燃料电池等。

能量输送

　　能源不像空气那样唾手可得，人们要通过不同的方法将能量运送到需要它的地方。煤、石油、天然气这三种主要燃料的体积都很庞大，所以我们用尽可能方便、经济的方法运送。有时候我们会在运输过程中改变能量的形态或者大小，以利于传输。

煤的输送

　　煤炭这样的固体燃料，可以通过船、火车、卡车等交通工具来运输。一些以煤炭发电的电厂会选择在煤矿附近建厂，并铺设专用的火车轨道。

天然气液化

　　气体是一个见缝就钻的家伙，而且体积大重量轻，不方便运输。于是科学家将它们压缩成液体运输。这些液体危险性很大，所以要求装运的器材一定要有良好的密闭性和抗压性能。

高压电线

　　铁塔像巨人一般耸立在山上，它们将一根根高压电线扛在肩上。空气是良好的绝缘体，只要有足够的高度，电流就会沿着高压电线传递到需要它的地方。

↟ 公路上运输的油罐车

↟ 能在空中加油的空中加油机

大油轮

油轮甲板平整，上面分布着输油管道，石油的装卸都是通过这些管道完成的。油轮就好像一个漂浮在海上的巨大油桶，为了防止石油泄漏，目前的所有油轮都必须具有双层外壳。

➡ 90%的油轮使用蒸汽机作为动力装置，原因是原油必须加热后才有足够的流动性可以被泵入油轮。

输油管道

陆地上的石油运输，除了装入油罐用汽车或火车运输以外。最主要的方式就是管道运输，一些管道通常被埋在地下，有些寒冷地区的管道则被架立离开地面防止冻结。

节约能源

在过去的 100 年间，全世界对能量的需求呈现巨幅增长。如此大量地使用能量已经引起了很多问题，能源危机就是最严重的问题之一。20 世纪曾经爆发的三次石油危机曾经引起了全球性的经济危机和局部地区的动荡不安。能源不仅关系到国家的安定，也关系到每个人的生存状态，因此节约能源成了当务之急。

有限的能源

煤炭、石油等资源的储备量是有限的。根据目前的使用量和石油储量，也许几十年或者100 多年后，地球上的人们将没有石油可用。煤炭等能源也会逐渐枯竭，最终消失在人类的历史中。

➡ 采用节能炉可以节省大量能源。

保暖

大多数房屋都无法有效地利用能量，热量通过窗户和墙壁散失，我们又要通过更多的能量来维持室内温度。其实我们完全可以通过隔热地板和双层玻璃等方式来减少能量的流失。

⬅ 左图的房子采用了双层玻璃窗，防透风的设备和隔热天花板、隔热墙、隔热楼板以及隔热热水炉等，楼顶加装隔热板还可以让房子冬暖夏凉。

保温瓶

空气是一个喜欢传递热量的物质，保温瓶中有一个具有双层结构的壶胆，两层之间没有空气，因此热量就不会散失，可以持久地保持壶内的温度。但是，壶口依然会使热量逐渐流失到空气中，所以保温瓶里的热水也会随时间的延长而降温。

能量的散失

能量喜欢追求平衡，因此它们总是喜欢从一个高能量区域向低能量区域流动。这就会造成能量的散失，刚烧开的水很热，但是这些热量会逐渐流动到比它温度低的空气中，最后变成冷水。

暖水瓶用木头做瓶塞，因为木头导热性差。

瓶胆用双层玻璃做成，玻璃间的真空能阻止热传导。

玻璃瓶壁上的水银可以防止热辐射。

▶ 保温瓶内部结构示意图

60 瓦白炽灯

◀ 两个灯泡产生的亮度相同，但是其中一个的耗电量却比另一个少得多。当电流通过白炽灯时，灯丝会变得白热，大部分电能都转变成热能浪费掉，而荧光灯没有灯丝，大部分电能均可转变成光能。

18 瓦荧光灯

节能灯

老式的白炽灯中有一根灯丝，电流通过的时候会发热发亮，达到照明效果，但是过多的能量被浪费在了发热上。节能灯没有灯丝，而以荧光物质发光，将大部分电能转换为光能，成功地节约了能量。

图书在版编目（CIP）数据

科学在你身边. 能量 / 田战省主编. —长春：北方妇女
儿童出版社，2008.10
ISBN 978-7-5385-3533-4

Ⅰ. 科… Ⅱ. 田… Ⅲ. ①科学知识−普及读物②能量原
理−普及读物 Ⅳ. Z228　O634-49

中国版本图书馆 CIP 数据核字（2008）第 137215 号

出版人：李文学
策　划：李文学　刘　刚

科学在你身边

能 量

主　　编：	田战省
图文编排：	杜　睿　白　冰
装帧设计：	付红涛
责任编辑：	师晓晖　陶　然
出版发行：	北方妇女儿童出版社
	（长春市人民大街 4646 号　电话：0431-85640624）
印　　刷：	三河宏凯彩印包装有限公司
开　　本：	787×1092　16 开
印　　张：	4
字　　数：	80 千
版　　次：	2011 年 7 月第 3 版
印　　次：	2017 年 1 月第 5 次印刷
书　　号：	ISBN 978-7-5385-3533-4
定　　价：	12.00 元